讓孩子玩出 數感 的
50款 算術遊戲

全面啟動數學力，
輕鬆學習不卡關！

幼兒算術綜合研究所代表
大迫ちあき／監修　　安珀／譯

前言

如果有人問我：「需要讓孩子從幼兒期開始學習算術嗎？」我的答案是：「是的。」

不過，那並不是要幼兒去背誦知識，反覆去做很多計算的練習，或是提前學習小學的課程。在這個時期，重要的是讓孩子進行各種體驗，透過使用實際的東西，在日常生活中建立起「數」或「形狀」等概念。我將這稱為「算術環境」。

這本書會介紹許多算術練習，能讓人感覺就像置身在「算術環境」之中。若能讓幼兒快樂地體驗這些練習，同時還能作為親子交流的工具，便是讓我感到最欣慰的事。

希望本書能成為家長們的助力，培育出熱愛算術的孩子。

公益財團法人 日本數學檢定協會認證
數學教練＆幼兒算術練習指導師
（株）幼兒算術綜合研究所 代表
大迫ちあき

現今算術教育受到矚目的原因為何？

一般認為，今後孩子們更需要具備以下幾項能力：

① 能夠有條理、有邏輯地進行思考的能力

② 正確讀取文章或資訊的能力

③ 在與他人溝通時具有判斷、表現的能力

事實上，這些能力全都可以從算術中學會。其中，最能培養出①的邏輯思考力的，可以說就是算術吧。

科技的發展日新月異，在AI或大數據的角色日益重要的時代，孩子們將來不論從事任何職業都需要與數學相關的知識，數字已經成為**全球化世界共通的溝通工具**。

此外，透過算術不僅能訓練思考力，還可以培養創造力或表達能力。算術能力應該是在今後的社會生存不可缺少的重要武器。

讓孩子在幼兒期體驗算術很重要的原因為何？

幼兒期是不斷吸收各種不同事物的時期，所以像是對數量的感覺、圖形的認知能力，或是邏輯思考力等等，奠定這類算術的基礎非常重要。尤其圖形的認知能力被認為並非自然養成的能力，因此打造這個時期的學習環境變得很重要。

重點在於「**有沒有實際的體驗**」。「試卷學習」在這個時期沒有必要。如果幼兒期的實際體驗很少，那麼上了小學之後，有時候就會產生一些問題，例如無法掌握數量的感覺、想像不出實際的圖形，或是完全不懂抽象算式或問題的意思等。不妨透過練習，試著讓孩子進行各式各樣的「算術體驗」吧。

算術的基礎是在日常生活中學會的！

算術不是從進入小學就讀之後才開始學習的。

原本，數字就是來自生活，存在於我們的身邊。孩子透過從日常生活中得到的各種經驗，理解意思並從中獲得知識，逐漸有了算術的基礎。而且越來越有興趣之後，便會漸漸產生各種不同的思考方法。

不過，為了將這些經驗確實地變成自己的知識，**大人要如何讓孩子在日常生活中體驗「數」或「形狀」很重要**。讓孩子感受到學習的樂趣或有趣之處，便是賦予孩子今後的學習動力的第一步。

為了避免在小學學習算術時受挫

日本從2020年度開始實施新的學習指導要領，與以往的寬鬆教育不同，讓孩子越來越提前學習知識。因此，不擅長算術的孩子有低齡化的趨勢。

舉例來說，分數的概念是在小學2年級的階段出現，以前在中學所學習的「x、y」方程式，如今也在小學登場了。**算術是很注重「累積」的學科**，所以如果孩子一開始就受到挫折的話，不懂的東西會變得越來越多，最後就會覺得自己不擅長算術。

在小學出現新單元的時候，如果可以與**自己的實際體驗產生連結**，就能快速提升理解能力。這本書中所介紹的練習，即使現在不懂它的意思也OK。重要的是，將來會讓孩子想起「啊，我做過這個練習！」

學齡前兒童的算術教育

STEAM教育是什麼？

現在受到矚目的STEAM，是21世紀對於創造、變革、解決問題時所需要的學問，取其英文單字的字首組合而成的創新名詞。

Science…科學　　　Technology…技術　　　Engineering…工學

Art…藝術、教養　　Mathematics…數學

因此所謂的STEAM教育，意思就是**重視這5個領域，並將它們納入教育方針之中**。STEAM教育的宗旨是培養未來變化劇烈的社會所需要的人才。而在Mathematics（數學）方面，一般認為使用開放式問題（答案不限一個的問題）或主動學習（主體的、對話式的深度學習）的學習方式，扮演非常重要的角色。

程式設計教育是什麼？

程式設計教育納入日本小學的必修課，是從2020年度開始實施的新政策（譯註：台灣從2018年起將程式設計教育納入107課綱）。程式設計教育也和STEAM教育一樣，目的是培養孩子擁有足夠的能力，以便應對變化劇烈的社會。

小學的程式設計教育並不是以寫程式為目的，而是以培養「**程式設計的思考力**」為目標。所謂「程式設計的思考力」是一種**邏輯思考的能力**，亦即為了實現自己的目的，去思考需要採取什麼樣的行動，要如何改善才能趨近目的。

利用算術解決某些問題的時候，要先考慮有什麼樣的方法，該以怎樣的步驟著手處理會比較好，然後付諸實行，而這樣的執行力，在培養程式設計的思考力方面非常有幫助，是未來社會必備的能力。

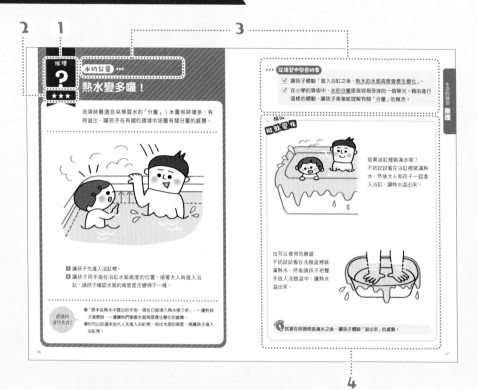

1

練習的類別

幼兒期的算術包含了「數」、「形狀」、「推理（思考）」這三個大類別。

將數字與具體的東西數量結合在一起。在幼兒期還沒有必要學習那麼大的數目。可利用周遭具體的東西，好好地培養孩子的數量感。

學習基本的形狀（圖形）。透過體驗，培養出想像圖形中看不到的線的能力，或是從各種不同的角度觀察事物的能力。

透過比較、規則性等，培養出為事物制定順序且有邏輯地思考的能力。此外，還可以養成使用言語讀懂文章的能力或是推理能力。

2 練習的難易度

以1～3顆★來表示練習的難易度。首先從1顆★的簡單練習開始挑戰看看吧。

3 透過練習學會的事

要讓孩子透過這頁的練習學會的事顯示在左頁,而在右頁「從練習中學會的事」則會有詳盡的解說。

4 練習的變化版

介紹一些延伸練習的方法。

＼稍微／
做點變化　　這是讓練習有不同變化的方法。先學會基本的練習之後,再試著進行吧。

挑戰看看!　　比基本練習的難度稍高一點。請觀察孩子的狀況,試著在不勉強的範圍內挑戰看看。

算術詞彙是什麼?

　　在本書中,使用了「算術詞彙」這個名詞來表示「與算術相關的詞彙」。在P126有詳盡的解說,請務必確認一下內容。

　　如果知道許多算術詞彙,對於理解算術將十分有助益。在與孩子交談時盡可能多多使用算術詞彙,這點很重要。

目錄

第1章

生活

的

練習

不妨用點心讓孩子在日常生活中
或幫忙做家事時，也能進行算術的體驗！
一邊開心地投入練習中，
一邊漸漸培養出數感吧。

（數數）▶▶▶

在洗澡時唱數

每天洗澡時做「唱數」的練習。首先從熟悉數字，
可以依序念出數字開始吧。

1️⃣ 大人和孩子浸泡在浴缸中，從1數到5。一開始大人也跟著
　一起數。

2️⃣ 等孩子可以獨自從1數到5之後，就試著挑戰從5數到10。

**建議的
進行方式！**

● 「今天浸泡到肩膀，一起數到5吧。1～、2～、3～……」、「好～，
　完成了！」一邊開心地對孩子這麼說，一邊進行練習吧。
● 沒有必要勉強孩子去記住很大的數字。先進行數到10為止的唱數遊
　戲吧。

▶▶▶ **從練習中學會的事**

☑ 藉由唱數的練習,自然而然就能認識數字。

☑ 藉由學會數字的順序,確實打好算術的基礎,也就是結合數字和具體物品數量的基礎。

倒過來從 10 數到 1

如果已經學會從 1 數到 10,就試試看倒過來從 10 數到 1。

跳過一個數字

可以試試看數數時跳過一個數字。即使說得不正確也沒關係。試著以玩遊戲的感覺練習看看。

POINT 藉由數到 10 為止的數字來玩遊戲,培養數感。利用各種不同的方法,試著邊玩邊數數吧。

數數　數的認識 ▶▶▶

看得見的手指有幾根？

可以猜中有幾根手指嗎？將數字和東西的數量結合在一起，是算術思考的「第一步」。

1、2、3！

1️⃣ 將入浴劑（混濁型）倒入浴缸裡，使熱水變成不透明。
2️⃣ 大人從熱水中伸出單手的手指（可隨機伸出不同的根數）。
3️⃣ 讓孩子數一數從熱水中伸出的手指有幾根。

建議的
進行方式！

● 「用手指邊指邊數比較清楚喔」、「依照順序一根一根數數看吧」，一邊對孩子這麼說，試著一起數數看吧。
● 等孩子可以流暢地數出來之後，也可以試著玩個遊戲，由大人說出數目，讓孩子伸出相對應的手指數量。

▶▶▶ **從練習中學會的事**

- ☑ <u>數數、認識數字</u>是學習算術時的重要基礎。不要急,盡量讓孩子確實地學會。
- ☑ <u>學會將東西的量替換成數字</u>。首先,最好讓孩子學到自己年齡的數字為止。

\ 稍微 /
做點變化

兩隻手加在一起
使用兩隻手,伸出手指,加起來最多5根,讓孩子數數看全部有幾根手指。

熱水裡有幾根手指?
從熱水中伸出單手的手指之後,讓孩子想一想,還泡在熱水裡的手指有幾根。這個問題很難,所以要在孩子慢慢熟習數字和東西數量的關係之後,再試著進行。

POINT! 剛開始可以一根一根數著手指來確認!不妨慢慢地問孩子「多少根和多少根會變成多少根呢?」讓他們試著去猜想有幾根手指。一邊開心地玩遊戲,一邊培養加法與減法的感覺。

數的認識 ▶▶▶

刷刷身體洗澡囉

不是只有具體的東西才能計算數量。透過各種不同的體驗來試著數數吧。

1 大人從1～5之中說出一個數字。
2 讓孩子一邊「1」、「2」、「3」地數到相同的數字，一邊用沐浴巾等刷洗身體。

建議的
進行方式！

●「念出1的時候刷洗身體1次，念出2的時候刷洗2次，念出3的時候刷洗3次」、「我先示範一次喔」，一邊對孩子這麼說，一邊示範動作。
●慢慢地加快計算的速度也很有趣。

▶▶▶ **從練習中學會的事**

☑ 盡量使孩子念出的數字和動作的次數相符，讓<u>數字與具體的動作數量一致</u>。

☑ 念出「1」和「2」時，<u>動作的數量不同</u>，可以藉由刷洗身體的次數來實際體驗。

\ 稍微 /
做點變化

合計 10 次
請孩子試試看，讓左右兩隻手臂加起來總共刷洗 10 次。哪一隻手臂刷洗了比較多次呢？

只刷洗相同的次數
大人先刷洗身體。然後讓孩子挑戰刷洗自己的身體相同的次數。

POINT！ 哪邊的數目多／少、相同的數目等，透過比較兩邊數目的體驗，讓孩子對數的概念有更深的理解。

水的分量 ▶▶▶

熱水變多囉！

洗澡時最適合來學習水的「分量」！水量有時增多，有時溢出，讓孩子在有趣的環境中培養有關分量的感覺。

1️⃣ 讓孩子先進入浴缸裡。

2️⃣ 讓孩子用手指在浴缸水面高度的位置。接著大人再進入浴缸裡，請孩子確認水面的高度是否變得不一樣。

建議的
進行方式！

● 「原本從熱水中露出的手指，現在已經浸入熱水裡了吧」，一邊對孩子這麼說，一邊讓他們掌握水面高度產生變化的感覺。

● 也可以反過來由大人先進入浴缸裡，指出水面的高度，再讓孩子進入浴缸裡。

▶▶▶ **從練習中學會的事**

☑ 讓孩子體驗「進入浴缸之後，<u>熱水的水面高度會產生變化</u>」。

☑ 在小學的算術中，<u>水的分量</u>是很容易受挫的一個單元。藉由進行這樣的體驗，讓孩子漸漸能理解有關「分量」的概念。

\ 稍微 /
做點變化

如果浴缸裡裝滿水呢？
不妨試試看在浴缸裡裝滿熱水，然後大人和孩子一起進入浴缸，讓熱水溢出來。

也可以使用洗臉盆
不妨試試看在洗臉盆裡裝滿熱水，然後請孩子把雙手放入洗臉盆中，讓熱水溢出來。

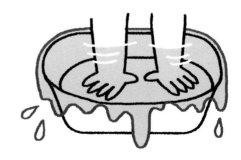

 POINT 試著在容器裡裝滿水之後，讓孩子體驗「溢出來」的感覺。

水的分量 ▸▸▸

哪一杯的水比較多呢？

對於孩子來說，水的分量是一個很難懂的概念。將水的分量與孩子的生活結合，協助他們理解這個概念。

1 準備2個大小相同的杯子，在其中一個杯子倒滿水，另一個杯子則倒入大約半杯的水。

2 讓孩子想一想，哪一杯倒入的水比較多呢？

建議的
進行方式！

● 為了容易了解高度的差異，要使用透明的杯子。

● 如果倒入的不是水而是果汁，就更容易看清楚了。如果告訴孩子「喝下比較多的那一杯吧」，那麼點心時間就變成算術時間了。

▶▶▶ 《從練習中學會的事》

- ☑ 在相同大小的容器中倒入不同的水量，讓孩子透過比較掌握分量差異的感覺。首先讓他們體驗看看什麼樣的狀態會稱為「多」。
- ☑ 這與在小學要學習的水的分量單元有關。

\ 稍微 /
做點變化

大小不同的容器
在2個大小不同的容器中倒入相同高度的水。哪一個容器中的水比較多呢？

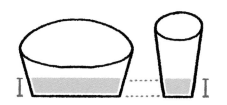

POINT！ 使用洗臉盆和杯子等，很容易分辨出大小差異的容器。即使水的高度相同，水量也會隨著容器的大小而有所不同，盡可能讓孩子掌握這種感覺。

挑戰看看！

幾個杯子的分量呢？
試著將1公升寶特瓶的水倒入杯子中。如果要將全部的水都倒入杯子中，需要幾個杯子呢？

POINT！ 使用相同大小的杯子。讓孩子學習掌握寶特瓶的水差不多是〇個杯子的分量這種感覺。

手作月曆

透過動手製作創意月曆，打造算術的基礎！
月曆部分會轉化成數字的經驗，裝飾部分則會
形成形狀的經驗。

需準備的材料
（1個月份）

- ●彩色紙1張　　●影印紙1張　　●摺紙用紙
- ●圓形貼紙28～31張　　●蠟筆　　●油性筆　　●剪刀
- ●直尺

作法

月曆的部分

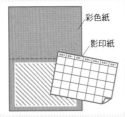

彩色紙

影印紙

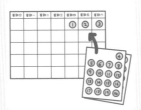

完成！

1 將影印紙裁切成比彩色紙的一半還小一點的尺寸，然後用油性筆等畫出月曆的框線。

2 用筆在圓形貼紙寫上1～31（28～30）的數字，然後參考實際的月曆，把圓形貼紙貼在框線之中。

3 將2貼在彩色紙的下半部之後，月曆的部分就完成了。可以配合每個月的特色，製作上半部的裝飾。

裝飾部分的創意和需準備的摺紙用紙

1月　蜜柑和水果

圓形 1 張

試著一個一個
描繪出水果吧。

2月　雪人

圓形 大1 張
　　　小1 張

3月　鬱金香和蝴蝶

水滴形
9張

三角形
2張

4月　復活節彩蛋

🥚 蛋形 4張

半圓形 1張

5月　鯉魚旗

長方形 3張

三角形 大6張 小9張

圓形 大3張 小3張

用來貼成眼睛，要注意
大小，重疊在一起。

6月　繡球花和雨傘

半圓形 1張
正方形 大4張左右
　　　 小4張左右

三角形
2張

折2次

7月　煙火

圓形 大1張
　　 小2張

細長的四角形或三角形
很多張

背景使用深色的
圖畫紙，以圓形貼紙裝飾
就很漂亮。

8月　向日葵

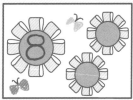

圓形 大1張
　　 小2張

長方形 大8張
　　　 小16張

兩端合在一起後
塗上膠水。

9月　月見糰子和夜空

圓形 大1張
　　 小9張

用圓形貼紙做星星。

以圓形貼紙裝飾聖誕樹。

10月　萬聖節的南瓜

圓形 3張

落葉 10張

11月　葡萄和落葉

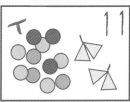

圓形 11張

三角形 4張

12月　聖誕樹

三角形 大3張
　　　 小5張
　　　 左右

正方形 2張

用做好
的成品
這樣玩！

P90會介紹使用月曆進行的練習。可以在孩子生日那天做記號等，像這樣增加
看月曆的機會。

認識形狀 ▶▶▶

重疊在一起！三明治

在生活之中使用「重疊」等「算術詞彙」，盡可能讓孩子多多體驗與算術連結的經驗。

1 準備吐司麵包以及火腿或乳酪等配料。

2 大人一邊對孩子說「把火腿重疊在吐司上面吧」、「接下來把乳酪重疊上去吧」，一邊製作三明治。

建議的
進行方式！

● 盡量使用「重疊」這個詞彙。

● 「把圓形的東西重疊在吐司上面吧」、「接下來把四角形的東西重疊上去吧」等等，像這樣用形狀說出指示也很有趣。

▶▶▶ 【從練習中學會的事】

☑ 孩子很容易把「重疊」這個動作以為是並排放置。要讓他們能夠實際體驗到，重疊就是在某樣東西上面放置另一個東西。

稍微做點變化

創意三明治
讓孩子嘗試依照自己喜歡的順序重疊配料，製作出專屬自己的三明治。

比一比
比較看看分別做好的三明治。像是厚度或是從旁邊看到的顏色等，透過各種不同的角度來觀察。

POINT
❶ 讓孩子按照自己的選擇來製作，可以培養他們的創造性。此外，厚度或顏色等外觀也會隨著重疊的東西或順序而有所變化，獲得這樣的經驗也是一種很重要的「算術體驗」。

認識形狀 ▶▶▶

切開蔬菜之後會變成什麼形狀？

即使是我們身邊的東西也存在各式各樣的「形狀」，
一起來發現吧。

1 在切開蔬菜之前，先觀察一下外觀。
2 大人把蔬菜切成圓片之後，再和孩子一起確認切面變成什麼
形狀。

建議的
進行方式！

● 「胡蘿蔔切開的地方是圓形喔」等，像這樣教導孩子那是什麼形狀。
● 一開始最好使用切面形狀（漂亮的圓形等）比較容易辨識的胡蘿蔔或
蘿蔔等蔬菜。

▶▶▶ **從練習中學會的事**

☑ 蔬菜可說是身邊較容易見到的立體圖形。切開各種不同的食材，把它想成立體圖形的<u>切面</u>，藉此讓孩子對圖形有更深的理解。

\稍微/
做點變化

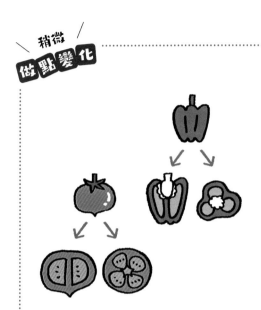

變換方向切開
將同一種蔬菜分別以縱向和橫向切開，確認切面的形狀。

POINT! 即使是同一種蔬菜，一旦改變切開的方向或位置，就能發現切面的形狀有所不同。

挑戰看看！

比較切面圓形的大小
切開胡蘿蔔或蘿蔔之後，試著比較切面圓形的大小。

POINT! 相較於胡蘿蔔，蘿蔔的圓形切面比較大，而即使是同一根胡蘿蔔，前端和根部的圓形切面大小也不同，讓孩子注意這些差異並且比較看看。

★★★

一對一對應 ▶▶▶

沙拉的擺盤

讓東西一對一的對應，數量就會變得相同，讓孩子在生活中學會這種感覺吧。

1 製作沙拉所需的沙拉盤和小番茄等配料，每種都預先準備相同的數量。

2 讓孩子每種配料都各取一個，放在每個盤子上。

建議的進行方式！

● 雖然不論什麼配料都OK，不過建議使用小番茄或小黃瓜切片這類容易看出是「一個」的配料來進行練習。

● 告訴孩子「每個盤子要各放一個喔」，讓他們意識到要一對一對應。

▶▶▶ 從練習中學會的事

☑ 一對一的對應，在打造算術基礎方面非常重要。將2種東西以一對一對應的方式來比較，有剩餘的那樣東西就是比較「多的」一方。即使不懂數的概念，也能比較「多的／少的」。

\ 稍微 /
做點變化

需要幾個呢？
準備幾個盤子。問孩子「每個盤子各放一個的話，需要幾個呢？」讓他們想想看需要的配料數量。

POINT
既不是「多的」也不是「少的」，讓孩子培養「相同」數量的感覺。

挑戰看看！

各放2個
讓孩子試試看在每個盤子裡各放2個配料。全部放了多少個呢？

POINT
讓多個東西對應一個東西。這將成為乘法的基礎。讓孩子不慌不忙地每次放上一個吧。

數的認識 計算分量 ▶▶▶

來做鬆餅吧

讓孩子一邊幫忙做料理,一邊學習東西有各種不同的分量或計算方式。

大人與孩子一起動手製作鬆餅。「使用2個雞蛋」、「加入量杯1杯的牛奶喔」等等,告訴孩子具體的指定分量,共同準備所需的材料。

建議的進行方式!

● 這個時候要盡量使用「1個」、「2杯」等說法,在數字的後面加上量詞。

● 東西有各種不同的計算方式,但要確認即使量詞改變,東西的數量也同樣是「1」。

▶▶▶ 從練習中學會的事

☑ 讓孩子試著體驗各種不同的分量或東西的計算方式。

☑ 個、杯，或是次數等，即使有各種不同的計算方式，1就是1，盡量讓孩子去掌握同一數量的感覺。

稍微
做點變化

攪拌
10次喔。

1、2…

計算「次數」
「攪拌10次喔」等等，指定次數之後，讓孩子試著採取行動。

POINT
「次數」是無法用手指著總量數出來的。盡量讓孩子口中念出的數字和動作一致。

挑戰看看！

2人份
製作2人份的時候，先告訴孩子1人份材料的分量，然後讓他們想一想，2人份分別需要多少分量的材料。

POINT
讓孩子試著把它想成有2個1人份，這將成為乘法概念的基礎。

認識形狀　等分 ▶▶▶

來分切鬆餅吧

讓孩子試著把圓形分切成相同的分量。可以切成 2 個形狀相同的東西。

1. 準備一片圓形的鬆餅。
2. 讓孩子想一想把它分成一半的方法，然後一起切切看。

建議的
進行方式！

● 帶入朋友或兄弟姐妹的名字，「如果要和○○一起吃的話，該怎麼切，分量才會一樣呢？」、「要和○○各分一半嗎？」像這樣讓孩子試著切切看。
● 除了鬆餅之外，也可以改用披薩或銅鑼燒等，只要是圓形的食物都OK。

▶▶▶ **從練習中學會的事**

☑ 將圓形切成一半，讓孩子體驗把東西分成相同的分量（均分）。

☑ 讓孩子了解到如果從正中間切開的話，分切的2片就會變成相同的形狀、相同的大小。

稍微做點變化

4等分

孩子學會把東西分成一半之後，可以問他「再切一次，能夠把它分成一半嗎？」然後試著再切成一半，就完成4等分了。

POINT
! 分成4等分的話，相同的形狀可以切出4個。那麼再切成一半的話……？還可以像這樣，讓孩子享受猜想的樂趣。

挑戰看看！

2個人分食

如果2個人要分食切成4等分的鬆餅，那麼一個人可以吃到幾片呢？

POINT
! 讓孩子數數看，每次分一片，一個人能分到幾片呢？可以體驗到除法的概念。

31

數的認識 ▶▶▶

「0」是什麼樣的數字？

對於孩子來說，「0」是一個抽象難懂的概念。要設法讓他們在生活中可以實際感受到0。

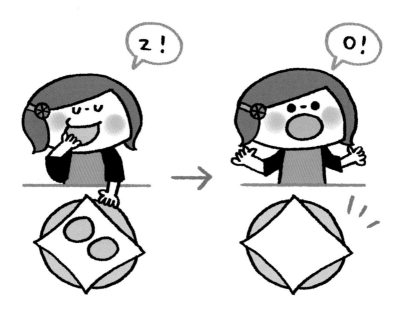

① 準備5個孩子喜歡的點心。

② 一次吃一個，每次吃完都要回答還剩下幾個。

③ 全部吃完之後，剩下「0」個。

建議的進行方式！

● 什麼都沒有＝0，讓孩子知道這一點就OK。

● 「變得一個都沒有。這就是0」、「什麼都沒有的時候就說0」，可以像這樣告訴孩子。

▶▶▶ 從練習中學會的事

☑ 讓孩子漸漸知道，什麼都沒有＝0。

☑ 0是無法用眼睛看見的抽象概念。不要只用口頭教導，而是要讓他們一邊實際地體驗，一邊加深理解。

\ 稍微 /
做點變化

尋找0
讓孩子在日常生活中試著發現「0」。

POINT! 天氣預報的降雨機率，或是點心的標示「醣質0」等等，跟孩子一起尋找存在於日常生活之中各種不同的0吧。

挑戰看看！

當作基準的0
讓孩子找出以0為基準來測量的東西，例如體重計或是直尺等，然後使用看看。

POINT! 讓孩子體驗看看當作基準的「0」吧。不需要勉強教導他們認識單位。

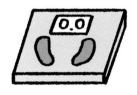

比較大小 ▸▸▸

按照大小順序排列吧

讓孩子比較碗的大小,並試著由大到小依序排列。他們會漸漸理解大小的差異。

1 準備3～5個大小各異的碗。

2 讓孩子逐一比較大小,然後試著由大到小依序排列。

建議的
進行方式!

● 使用相同廠牌(規格)的碗,就很容易比較大小。

● 比完大小之後,讓孩子試著依序從大的碗開始往上疊,收拾整齊。

▶▶▶ 從練習中學會的事

☑ 比較是算術的基礎之一。

☑ 讓孩子在比較2個以上的東西時,可以說出哪一個比較「大」。
這也可以當成是按照順序進行思考的練習。

稍微做點變化

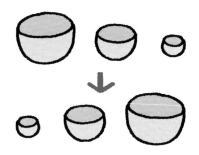

由小到大的順序
如果孩子已經學會由大到小的順序,接著就讓他們試著依照「由小到大」的順序排列。

POINT!
學會由大到小的順序之後,並不表示可以馬上學會由小到大的順序。不要著急,讓孩子慢慢地學會吧。

挑戰看看!

第○個是哪個呢?
問孩子「第二大的碗是哪個呢?」可以指定順序,試著給他們來個小測驗。

POINT!
讓孩子加深理解「第○大」這種順序概念。也可以試著問問孩子「第○小的」是哪個。

這個!

第二大的碗是哪個呢?

手作骰子

使用展開圖做出盒子（骰子）。
讓孩子輕鬆掌握立方體的概念吧。

需準備的材料

- ●厚紙（裁切成5cm的方形）6張
- ●摺紙用紙（裁切成5cm的方形）6張
- ●圓形貼紙21張　　●剪刀　　●膠水　　●膠帶

作法

> 摺紙用紙使用
> 多種顏色也OK！

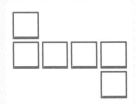

1 一邊看著展開圖，一邊把6張厚紙排列好。

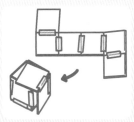

2 使用膠帶緊密地貼合在一起，組合成骰子的形狀。

3 將6張摺紙用紙貼上圓形貼紙，變成1～6的骰子點數。

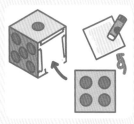

4 將作法3貼上圓形貼紙的摺紙用紙，貼在作法2做好的立方體上面。請以實際的骰子為範本製作。

完成！

> 從平面變成立體的過程是重點所在。請參考右頁，試著依照各種不同的展開圖製作看看。

用做好的成品這樣玩♪

「隱藏在下面的點數是多少呢？」可以提出這類問題，製造讓孩子觀察立方體的機會。製作雙六棋等遊戲來玩也很有趣喔。

展開圖

像骰子這類立方體的展開圖，全部共有11種。
試試看各種不同的排列方式吧。

❶

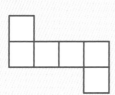

❷

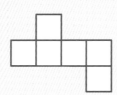

❸

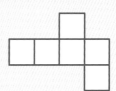

❹

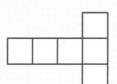

❺

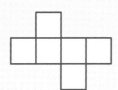

❻

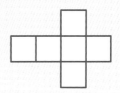

❼

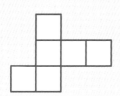

❽

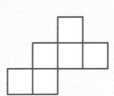

❾

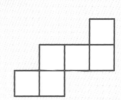

❿

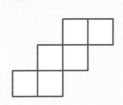

⓫

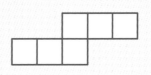

一對一對應 ▶▶▶

把洗好的衣物一件一件晾起

藉由讓孩子幫忙晾襪子，打造算術的基礎！一邊活動身體，一邊培養數的概念。

1 準備曬衣架。

2 讓孩子以一對一對應的方式，分別使用一個曬衣夾夾住一隻襪子。

建議的進行方式！

● 告訴孩子「用一個曬衣夾夾住一隻襪子晾乾」，讓他們注意到要一個對應一個。

● 曬衣夾正好是適合幼兒以指尖施力的物品。讓孩子一邊活動身體，一邊進行算術體驗。

▶▶▶ 從練習中學會的事

☑ 因為讓孩子用一個曬衣夾夾住一隻襪子，所以他們可以實際體
會到讓一個東西對應一個東西是怎麼一回事，同時進行練習。

稍微做點變化

4！

分別有多少個呢？
讓孩子試著數數看，晾了
幾隻襪子、使用了幾個曬
衣夾呢？

POINT

「襪子有4隻」、「使
用了4個曬衣夾」等等，
可以讓孩子數一數分別有
幾個，體驗兩者是相同的
數量。

挑戰看看！

3人份的曬衣夾
讓孩子試著想想看，如果要晾
3人份的襪子，需要幾個曬衣
夾呢？

×?

POINT 晾乾一人份的襪子需要2
個曬衣夾。讓孩子一邊實際做
做看，一邊體驗與乘法的基礎
有關的概念。

形狀

★★★

一半 ▸▸▸

把毛巾折成一半吧

折成一半的話，會變成怎樣的大小呢？會變成什麼樣的形狀呢？讓孩子一邊幫忙做家事一邊想想看吧。

可以讓孩子幫忙折毛巾或是手帕。這時大人要一邊告訴孩子「把它折成一半喔」一邊示範折法，同時讓孩子試著一起折折看。

建議的
進行方式！

● 在折疊之前將毛巾或手帕排列在一起比較看看，接著告訴孩子「變成了一半」，讓他們確認形狀的變化。

● 如果不仔細折的話就不會變成一半，所以要一邊跟孩子說「兩邊要合在一起」、「放在平坦的地方，輕輕地鋪開」之類的話。

▶▶▶ 從練習中學會的事

☑ 藉由折毛巾，讓孩子學習一半的概念。這個練習與在小學所學的二分之一這個分數有關。

稍微做點變化

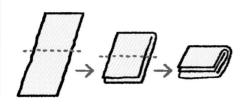

一半的一半
將已經洗好並折成一半的洗臉毛巾，試著再折成一半。

一半的大小
將對折1次變成一半的毛巾與對折2次變成一半的毛巾放在一起，試著比較兩者的大小。

POINT
讓孩子實際體驗到對折的次數越多，形狀就會變得越小，加深對於「一半」的理解。

分類 ▶▶▶

洗好衣物的分類

這是算術基礎中的「分類」思考練習。讓孩子幫忙把洗好的衣物分類,藉此慢慢學會分類的概念。

襪子

襯衫

毛巾

1 讓孩子把已經洗好晾乾的衣物,分成「毛巾」、「襯衫」、「襪子」等類別。

2 讓他們數數看,每一類分別有幾件衣物。

建議的進行方式!

●一開始大人先示範一遍,在放置毛巾的地方放上一條毛巾,在放置襯衫的地方放上一件襯衫等等,這樣孩子就很容易理解。

☑ 為了計算東西的數量，必須將相同類別的東西集中在一起。

☑ 學會分類之後，漸漸就能算出同類東西的數量，或是與其他類別的東西比較數量大小。

數量最多的類別是哪個？
哪個類別的衣物最多呢？試著比較一下數量。

…4

…5

POINT
完成分類之後，接著練習比較數量。請注意不要讓孩子把其他類別的衣物一起算進去。

挑戰看看！

各種不同的分類
讓孩子試著將洗好的衣物，依照爸爸的、媽媽的、自己的等不同擁有者來分類。

POINT
要求孩子依照大小或是目的等來進行分類，讓他們理解有各種不同的分類方式。

相同的形狀　相同的大小 ▶▶▶

湊齊每雙鞋子

讓孩子藉由湊齊「一雙兩隻」的鞋子，逐漸認識左右相反的形狀或是大小的差異。

1. 將3～5雙鞋子隨意地擺放在地上。
2. 讓孩子一邊觀察鞋子的形狀或大小，一邊正確湊對並一雙雙排放整齊。

建議的進行方式！

● 一開始只是將鞋子的前後左右完全打散也OK。先讓孩子集中注意力找出成雙的鞋子。

● 選用紅色高跟鞋、黃色運動鞋、褐色皮鞋等不同顏色或形狀的鞋子，孩子應該會比較容易找出來。

▶▶▶ 從練習中學會的事

☑ 鞋子是由左右形狀相反的2個鞋型構成一雙。讓孩子仔細地觀察，並練習找出<u>左右相反的同形狀、同大小</u>的鞋子。

\ 稍微 /
做點變化

由大到小依序排列
讓孩子把湊成對的鞋子，由大到小依序排列。

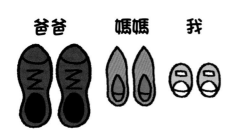

爸爸　　媽媽　　我

POINT 比較鞋子的大小時，提醒孩子注意縱向的長度就很容易進行比較。要留意別讓孩子把成雙的鞋子打亂。

挑戰看看！

確認左右
將鞋子完成配對之後，請孩子確認一下左右腳擺放的是否正確。

POINT 對孩子來說，左右是一個很難理解的概念。讓他們藉由仔細地觀察，從注意到形狀的不同開始。

比較高度 ▶▶▶

由高到低依序排列吧

書本有各種不同的大小或形狀。讓孩子一邊整理，一邊比較書本的高度，試著由高到低依序排列。

1️⃣ 準備3～5本高度不一的繪本或圖鑑等書籍。

2️⃣ 讓孩子一本一本比較高度之後，由高到低依序排放在書架上。

建議的
進行方式！

●教導孩子「高的／低的」、「大的／小的」、「長的／短的」等相對詞時，盡量先慢慢地教導其中一方的意思。

- ☑ 讓孩子學會比較多種物品的<u>高度</u>。
- ☑ 讓孩子學習使用「<u>高的／低的</u>」、「<u>大的／小的</u>」、「<u>厚的／薄的</u>」、「<u>重的／輕的</u>」等算術詞彙。

稍微
做點變化

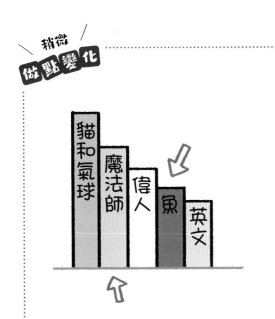

第〇本是哪一本呢？
將大約5本書由高到低依序排列，請孩子找出「從高的那邊數來第2本」或「從低的那邊數來第2本」是哪一本書。

POINT! 讓孩子熟悉表示順序的數詞（序數）。如果有5本書的話，可以告訴孩子「『從高的那邊數來第3本』和『從低的那邊數來第3本』是同一本書喔」。

挑戰看看！

各種不同的比較方式
等孩子學會「高的／低的」詞彙之後，也可以試著改用「厚的／薄的」、「重的／輕的」等其他比較方式。

POINT! 除了高度之外，可以讓孩子藉由體驗學會各種不同的比較方式。

★★★

時間 ▶▶▶

數到10的時候可以完成嗎？

作為理解「秒」、「分」或「時間」的前提，讓孩子漸漸培養出對時間的感覺。

1、2、3…

1 大人出聲從1數到10。

2 讓孩子進行挑戰，在大人數到「10」之前是否能把玩具全部收好。

建議的進行方式！

●不論是讓孩子收拾東西或進行出門前的準備等等，隨時都能進行這項練習。

●目的在於讓孩子實際體驗數到「10」的這段時間。就算無法在時間內完成也沒關係，為了不讓孩子感到著急，請在愉快玩耍的氣氛中進行。

☑ 讓孩子在生活中學會數到「10」的時間大約有多久。這個練習
與對時間的感覺有關。

\ 稍微 /
做點變化

數到20

數到30

比數到10更長的時間
也可以改變做法，試著挑戰
「數到20」、「數到30」等
更長的時間。

POINT 讓孩子感受到數目一旦
變大，時間也會變長。不使
用「秒」這類較難的詞彙也
OK。

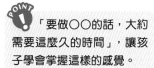

挑戰看看！

預想時間
在要準備外出或是收拾東西
之前，可以問問孩子「數到
多少的時候可以完成呢？」
讓他們試著預想需要花費的
時間。

POINT 「要做○○的話，大約
需要這麼久的時間」，讓孩
子學會掌握這樣的感覺。

時鐘 ▶▶▶

現在是要做什麼的時間？

為了讓孩子能意識到時間，可以對他們說「已經8點了喔」、「10點來做○○吧」之類的話。

1 使用手作時鐘（→P70）或是沒有裝入電池的時鐘，出示整點的時間給孩子看。

2 「8點了，去洗澡吧」，在固定吃飯或洗澡的時間讓孩子看時鐘，並告知他們時間。

建議的進行方式！

●大人要經常出聲問孩子時間，讓他們自然而然學會有關時間的說法。

●想要讓孩子掌握對時間的感覺，使用有指針的類比時鐘比數位時鐘更適合。此外，將固定起床或吃飯的時間畫成時鐘的圖，貼在看得見的位置也很有效。

▶▶▶ 從練習中學會的事

☑ 讓孩子慢慢將「○點」這個詞彙，與類比時鐘盤面的數字、指針的位置結合在一起。

☑ 讓孩子藉由意識到一天的時間流逝，掌握對時間的感覺。

稍微
做點變化

○點半

像是「7點半」等等，也要盡量使用「半點鐘」的表現方式。

POINT

！ 學會「○點」之後，接下來讓孩子試著體驗「○點半」。就算還沒使用「分」也沒關係。

挑戰看看！

現在是幾點鐘？

讓孩子看著實際的類比時鐘，試著回答是幾點鐘。

POINT

！ 即使時鐘的設計不一樣，看時鐘的方法也不會改變。請使用盤面上1～12的數字沒有省略的時鐘。

時鐘 ▶▶▶

長針走到6的位置時

將類比時鐘指針的移動，與時間的經過、時間的長短等概念結合在一起，運用在生活當中。

1 在進行某件事的10分鐘之前，告訴孩子「長針走到6的位置時就做○○吧」，指定時間。

2 到了指定的時間時，大人便教孩子看時鐘。

建議的
進行方式！

●剛開始的時候，可以詢問孩子「長針已經走到6的位置了嗎？」盡可能讓他們注意到指針的移動。

☑ 讓孩子觀察長針的移動，並藉此培養10分鐘大約是多久這類對時間的感覺。

☑ 讓孩子預想接下來的行動，思考自己現在要做什麼，藉此養成預測的能力。

\ 稍微 /
做點變化

比10分鐘更長的時間
也可以試著以長針移動的距離，向孩子指定20分鐘後、30分鐘後這類更長的時間。

POINT！ 時間概念並不是馬上就能學會。不要心急，讓孩子慢慢累積經驗吧。

挑戰看看！

再過〇分鐘
「再過10分鐘之後，就要收拾整齊喔」，大人可以像這樣以「分」為單位給孩子指示。

POINT！ 也可以逐漸使用「〇分鐘後」這樣的說法，讓孩子了解10分鐘的時間有多長。

10珠算盤

輕鬆製作算盤。使用自己動手製作的道具來練習，孩子的學習興致也會提高。

需準備的材料

● 毛根（即毛絨條，配合串珠的大小，剪成稍長一點）1根
● 較大的串珠10顆

作法

> 每5顆串珠就換個顏色，這樣也很容易辨識。

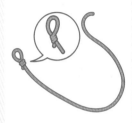

1 在毛根的一端做出線圈之後，扭緊固定。

2 將10顆串珠穿入毛根中。

完成！

兩端各保留些許長度

3 穿入全部的串珠之後，像1一樣在末端做出線圈並打結固定，這樣就完成了。

用做好的成品這樣玩！

隨意把串珠分成左右兩邊，讓孩子試著數數看各有幾顆串珠。用手蓋住其中一邊，要孩子練習預想並回答有幾顆串珠，如此便能逐步建構基礎計算能力。

多少和多少合在一起會變成10？ 10是多少和多少合在一起？

小學一年級在學會加法、減法之前，要先學習數的合成與分解，例如「多少和多少合在一起會變成10」、「10是多少和多少合在一起」。讓孩子透過實際的體驗掌握這些感覺，可以為往後學習加法、減法、進位、借位的計算打下扎實的基礎。

第 2 章

出遊

的

練習

出門或出遊時，
正是進行各種算術體驗的好時機！
讓孩子一邊活動身體，一邊累積與算術相關的經驗，
自然而然就很容易掌握數感。

認識形狀 ▶▶▶

找找看圓形的東西

街上充滿了各種不同「形狀」的東西。讓孩子到各處去找找看這些形狀吧。

1 在戶外一起邊走邊尋找圓形的東西。

2 大人可以和孩子進行比賽，看誰找到最多圓形的東西。

建議的
進行方式！

●球、輪胎、人孔蓋等等，讓孩子試著去注意平常不經意看到的東西的形狀。

●讓孩子去發現生活當中潛藏著各種不同的形狀。

☑ 讓孩子邊玩邊認識形狀，藉此建立算術基礎。

☑ 不管是街上、家中、幼兒園或托兒所，讓孩子在這些生活場所中，注意到有各種不同的形狀。

尋找四角形的東西
請孩子試著找找看街上有4個角、形狀為四角形的東西。

POINT
四角形有各種不同的種類。讓孩子環顧生活周遭的物品，去找出許多四角形吧。

挑戰看看！

尋找三角形的東西
請孩子試著找出外形為三角形的東西。重點在於有3個角。

POINT
三角形的東西可能出乎意料地少。大人可以和孩子進行比賽，看看誰先發現三角形的東西。

規則性 ▸▸▸

下一個是什麼顏色呢？

不論是數字或是形狀，找出其中的規則性很重要。這也與程式設計的思考有關。

1. 讓孩子試著觀察紅綠燈。
2. 接著問孩子「下一個是什麼顏色呢？」請他預先猜想接下來亮燈的顏色。

建議的進行方式！

● 讓孩子仔細觀察顏色的變化之後，可以盡量預想出下一個顏色。

● 孩子回答出顏色之後，試著詢問他為什麼認為會變成那個顏色。是否有注意到燈號的顏色是依照順序改變的呢？

▶▶▶ 從練習中學會的事

- ☑ 讓孩子觀察依照固定順序亮燈的交通號誌，藉此加深對<u>規則性</u>的理解。
- ☑ 藉由找出其中的規則性，可以讓孩子學會預測順序及考慮關連性的<u>邏輯思考力</u>。

稍微 做點變化

依照順序排列

在公園等處撿拾一些石頭、樹枝、落葉，讓孩子試著依照一定規則進行排列。

生活周遭的規則性

像是黑白相間的斑馬線，或是花壇的花朵顏色等，請孩子試著找出日常生活中按照規則排列的東西。

POINT

! 體驗一邊玩遊戲，一邊找出規則（順序）。讓孩子試著找出種類、形狀或顏色等不同的規則性，多多累積經驗。

★★★

數數 ▶▶▶

寶特瓶保齡球

來玩數數遊戲吧。讓孩子一邊玩遊戲,一邊完成數數的練習。

1️⃣ 把10支寶特瓶空瓶排列好。

2️⃣ 丟出(或是滾出)一顆球,擊倒寶特瓶。

3️⃣ 數一數擊倒了幾支寶特瓶。

建議的進行方式!

● 有時會因為球的大小或重量而擊倒太多寶特瓶。遇到這種狀況時,可以在瓶子裡裝入少許的水,增加穩定度。

☑ 這是會讓孩子想不斷挑戰的遊戲，所以自然而然就能完成<u>數數</u>的練習。

☑ 孩子會慢慢地學會把被擊倒的寶特瓶和沒有倒的寶特瓶加以<u>分類</u>，算出數量。

稍微
做點變化

還有幾支瓶子？
讓孩子數數看，沒有倒下的寶特瓶有幾支。可以問孩子「還剩下幾支瓶子呢？」

P○INT! 被擊倒的瓶子和沒有倒下的瓶子，加起來總共是10支。多少和多少合起來會變成10，這種概念會奠定計算能力的基礎。

挑戰看看！

比較分數
大人和小孩各丟一次球，比比看誰擊倒的瓶子比較多。

P○INT! 記住兩人分別擊倒幾支瓶子是很重要的事。藉由比賽擊倒的寶特瓶數，也能讓孩子練習比較數量的多少。

位置 ▶▶▶

在圈圈裡，還是圈圈外？

要讓孩子認識位置不能光靠口頭教導，而是要讓他們透過自己的身體學會。

1 使用跳繩或呼拉圈在地面上做出一個圈圈。
2 大人說出「裡面！」或「外面！」等指示，讓孩子試著從圈圈跳進跳出。

建議的
進行方式！

●等孩子熟練之後，大人也可以給予有點難度的指示，像是「如果拍手就跳出圈圈外」，讓他們試著挑戰。大人和小孩角色互換也很好玩。
●在日常生活中，最好也可以使用「裡面／外面」這種算術詞彙。

▶▶▶ 從練習中學會的事

☑ 教導孩子有關位置的概念時要從「裡／外」開始，慢慢地發展到「上／下」、「前／後」、「左／右」。因為這些算術詞彙是很重要的概念，所以要讓孩子一組一組慢慢地理解。

追加顏色的條件

準備2種顏色的圈圈，追加「綠色的裡面」、「紅色的外面」等條件，讓孩子挑戰看看。

POINT! 一旦增加條件，難度就會隨之提高。不妨像玩遊戲一樣，讓孩子邊玩邊挑戰吧。

挑戰看看！

右圈、左圈

可以將2個圈圈改稱為「右圈」、「左圈」，讓孩子挑戰看看。

POINT! 以玩遊戲的感覺，讓孩子邊玩邊培養「左／右」的概念。

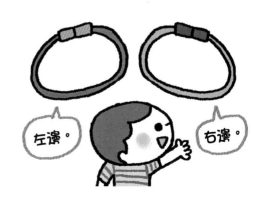

左邊。　右邊。

長度 ▶▶▶

比一比步幅

等孩子掌握自己的步幅大約有多長之後，讓他們試著測量自己與各種不同東西之間的距離。

1、2、3…

① 兩人之間稍微拉開一點距離。

② 讓孩子邊玩邊數，看看要走幾步才能走到大人所在的位置。

建議的進行方式！

● 盡量和孩子一起發出聲音，一邊數著「1、2、3……」一邊前進。

● 除了平常的行走步幅，也可以讓孩子試著用大步幅或是小步幅來測量距離。

▶▶▶ **從練習中學會的事**

☑ 讓孩子邊玩邊培養長度的概念。

☑ 這個經驗將會為孩子奠定在小學學習cm、m等長度單位時的感覺基礎。

\ 稍微 /
做點變化

5 4 3 2 1

5 4 3 2 1

比較步幅
兩人從同樣的位置出發，各自前進5步。可以走到哪裡呢？

POINT ! 讓孩子體驗即使同樣都是5步，距離也會隨著不同的人（步幅）而有所改變。

挑戰看看！

距離是幾步？
可以讓孩子試著數數看各種不同東西之間的距離是幾步，例如2根電線桿之間的距離等。

POINT ! 為了進行比較，讓孩子用平常的步幅行走，作為測量長度時的基準。

1. 2. 3. 4…

1 2 3 4

有幾階呢？

讓孩子透過移動去感受數字，藉此讓數的概念銘刻在身體裡。

1　遇到有樓梯的地方時，可以讓孩子邊數邊爬上樓梯。

2　爬到最上面一階之後，問問孩子總共有幾階。

建議的進行方式！

● 先從較短的樓梯開始。

● 「第一階」是指腳踩上去的那一階。請注意，不要讓孩子把最初所站的位置數成「1」。

▶▶▶ **從練習中學會的事**

- ☑ 讓孩子一邊活動身體，一邊進行<u>數數</u>的練習。
- ☑ 「登上一階樓梯」＝「1」。這也是一種<u>讓一個數字對應一個東西</u>的練習。

稍微
做點變化

長樓梯

在神社、寺廟或公園等處遇到長樓梯時，也可以讓孩子試著數數看。

POINT
遇到比較困難的大數字時，可以在中途歸零，從1開始重新計算。讓孩子在不勉強的範圍內數數看吧。

挑戰看看！

跳過一階

讓孩子挑戰跳過一階往上爬！同時也可以試著跳過一個數字數數看。

POINT
以玩遊戲的感覺進行，讓孩子一邊玩一邊試著挑戰稍有難度的數法。

2.4.6…

排隊等鞦韆

在等待時間中好好體驗算術。盡可能讓孩子理解輪流時的排序數字（序數）。

1,2,3…

1　當孩子在公園玩溜滑梯或鞦韆等遊具時，請他們數一數排在前面等待的小朋友有幾個人。

2　讓孩子想想看，輪到自己時是第幾個人。

建議的進行方式！

● 大人出聲詢問「從前面算起，你是第幾個人呢？」讓孩子試著確認自己的順序。

● 大人詢問孩子「前面有幾個人呢？」最好也能讓他們慢慢了解「有幾個人」和「第幾個人」的差異。

▶▶▶

☑ 讓孩子漸漸理解，數詞包括<u>代表東西數量的基數和表示順序的序數</u>。

☑ 要努力讓孩子慢慢理解「幾個人」和「第幾個人」的差異。

\ 稍微 /
做點變化

從後面算起是第幾個人？
試著問孩子「從後面算起，你是第幾個人呢？」

POINT 不只是自己的前面，還要加強孩子預測後面或全體的能力。

挑戰看看！

全部有幾個人呢？
在孩子從前、後確認自己的順序之後，可以問「全部有幾個人在排隊呢？」讓他們試著在不去計算的情況下，預想全體人數。

POINT 如果將兩個數直接相加的話，答案會多出一個人。試著讓孩子練習預想之後再實際數數看，好確認答案。

手作時鐘

取一個紙盤當作底紙，以摺紙用紙和圓形貼紙來製作時鐘。請用實際的時鐘當作範本。

需準備的材料

- 紙盤1個
- 摺紙用紙（6色）6張
- 圓形貼紙12張
- 厚紙1張
- 鈕扣1個
- 毛根（10cm左右）1根
- 剪刀
- 膠水
- 圓規
- 量角器
- 打孔器
- 油性筆
- 膠帶

作法

文字盤

摺紙用紙

1 使用圓規在摺紙用紙的背面畫出一個比紙盤稍微小一點的圓，然後沿著線剪下來。

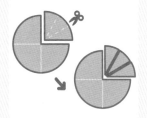

2 將1的摺紙用紙對折2次之後，剪成4等分。取其中一張，使用量角器每隔30度畫出一條線，然後沿著線剪成3張。

3 取其他顏色的摺紙用紙重複1、2的作法，製作出4色共12張的零件。

4 利用圓規在紙盤的中心穿一個洞。

5 將在作法3製作的零件貼在紙盤上，相鄰的部分不要使用相同的顏色。

貼紙的顏色很深的話，使用修正筆來書寫也OK。

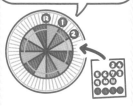

6 用油性筆在圓形貼紙寫上1到12的數字，貼在摺紙用紙的外圍。

長針・短針

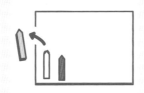

如果短針配合文字盤上圓形貼紙的顏色，就很容易看到時針所指的數字。

1 使用2種顏色的摺紙用紙，剪成長針和短針的形狀。

2 將1的摺紙用紙貼在厚紙上面，照著形狀剪下來。

3 用打孔器等工具在指針的底端打一個洞。

組合文字盤和指針

長針
短針
文字盤
鈕扣
扭緊固定

將毛根穿過鈕扣，做成軸心。如上圖所示，穿過毛根之後，在文字盤的背面用膠帶固定。

完成！

用做好的成品這樣玩！ 讓孩子轉動指針，試著設定成自己想要的時間。在P50～51也介紹了使用手作時鐘進行的練習。

做點變化

加上寫了「分」的貼紙，或是在指針的外形設計上下工夫，製作出獨一無二的創意時鐘吧。

「分」要貼在比「時」更外側的位置。如果圓形貼紙的顏色分別與長針、短針的顏色一致，就很容易理解。

數

★★☆

表示順序的數詞 ▶▶▶

要在第幾站下車？

在小學的算術中，孩子很容易感到受挫的就是「第○個」的單元。試著讓他們在搭乘捷運時體驗看看。

1. 大人與孩子一起看路線圖，確認上下車站分別為何。
2. 讓孩子數數看，要在第幾個車站下車。

建議的
進行方式！

● 使用手邊的簡易版路線圖（或是手作路線圖）進行確認，用手依序指著各站，讓孩子試著數數看。
● 上車車站的下一站是「第一個」車站。

▶▶▶ 從練習中學會的事

☑ 從目前所在的車站算起第幾站，讓孩子對表示順序的數詞（序數）有感覺。

☑ 在P68的鞦韆單元中，是以正在盪鞦韆的小朋友為基準（第0個），但在電車單元中，則是以上車車站為基準。

稍微 **做點變化**

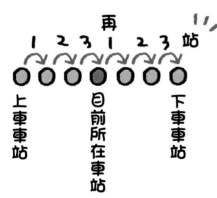

再坐幾站？
在中途的車站問孩子「已經過了幾站？」、「還要再坐幾站才到要下車的車站？」

POINT ！ 孩子很難記住已經過了幾站。如果忘記的話，可以和孩子再看一次路線圖，同時試著數數看。

挑戰看看！

各種不同的第○個
告訴孩子「這是從前面算起的第○個車廂」、「有△個人排在前面，所以我們是第○個」等等，讓他們試著去想各種不同的第○個。

POINT ！ 平常不妨盡量製造機會，讓孩子接觸各式各樣的「第○個」。

數數 ▶▶▶

有幾個人在車上呢？

一共有幾個人在公車上呢？讓孩子藉由數各種不同的數，漸漸培養出數的概念。

搭乘公車的時候，請孩子試著數數看有幾個人在公車上。提醒他們別忘了把司機先生和自己算進去喔！

建議的
進行方式！

● 「試著從前面的乘客開始一個一個數數看」，教導孩子從其中一邊開始按照順序數下去，就很容易數出來。

● 如果人數很多，孩子會數不完。最好在車上乘客只有10人左右時進行練習。

▶▶▶ 從練習中學會的事

☑ 車上的乘客有時會分散坐在不同的位置，或是會在車內走動，所以這是稍微有一點難度的數數練習。

☑ 藉由生活當中的數數練習，可以讓孩子感受到數字與自己的生活息息相關。

稍微
做點變化

增加了幾個人呢？
讓孩子試著數數看，在中途的公車站上車的人數。

減少了幾個人呢？
同樣的，也請孩子試著數數看已經下車的人數。

POINT
! 大人和孩子分工一起數也OK。車子開動之後，讓他們再次數數看全體的人數。人數比先前增加還是減少呢？

讀數字 ▶▶▶

車牌遊戲

到處都可看到汽車的車牌。讓孩子試著讀出車牌上的數字，或是利用車牌來進行算術遊戲。

搭車的時候，或是走在街上的時候，如果看見車子，可以讓孩子試著念出車牌上的數字。

建議的
進行方式！

●因為數字是從左邊讀起，所以先讓孩子養成從左往右讀數字的習慣。
●不需要將車牌號碼當成四位數的數字看待。「6、6、8、1」，讓孩子像這樣把數字一個一個念出來。

- ☑ 進行讀數字的練習。讓孩子以玩遊戲的感覺重複念誦，等到熟習數字之後，漸漸就能流暢地讀出來。
- ☑ 首先要讓孩子學會讀一位數的數字。

稍微
做點變化

最大的數字是什麼？
在4個數字當中，最大的數字是哪一個呢？等孩子答得出來之後，也可以試著詢問最小的數字是哪個。

POINT！ 讓孩子比較一位數數字的大小，讓他們對數字與數的認識可以連起來。

挑戰看看！

兩位數的數字
將車牌的4個數字分成左半部和右半部，然後讓孩子當成兩位數的數字念出來。

POINT！ 讓孩子理解兩位數數字的讀法。學會之後，讓他們試著比較左右哪一邊的數字較大。

數

點心最多買3個

購物是體驗算術的最好場合。透過各種方式讓孩子有更多的機會去數數目或進行思考。

讓孩子在超市的點心賣場挑選自己喜歡的點心。由大人指定個數,像是「最多3個」等等,並購買這個數目以內的點心。

建議的
進行方式!

●可以購買3個相同的點心,也可以買不同種類的點心。即使點心的種類或內容量不一樣,也都同樣視為「一個」。

▶▶▶ **從練習中學會的事**

☑ 讓孩子考慮各種不同的組合，進行數數的練習。

☑ 在有條件限制的情況下讓孩子選擇要買哪個點心，這與培養判斷力有關。

稍微
做點變化

念出價錢

請孩子「選擇3個可以念出價格數字的點心」，試著進行念出價錢的練習。

POINT
在日常生活中進行練習，同時也讓孩子在不勉強的範圍內挑戰念出較大的數字。

挑戰看看！

最多花100元

告訴孩子「最多可以花100元購買喜歡的點心」等等，讓他們在規定的金額中選擇點心。

POINT
因為兩位數以上的加法很難，所以計算時大人要在一旁協助。

認識空間 ▶▶▶

看著地圖走吧

讓孩子看著地圖走,可以促進空間認知能力、距離感與圖形力等各種能力的綜合發展。

① 在走出家門之前,先攤開地圖,在目的地做個記號。

② 畫出前往目的地的路線。

③ 走出家門之後,照著地圖走,朝向目的地前進。

建議的
進行方式!

● 使用簡易版地圖(或是手作地圖)。

● 一邊告訴孩子「我們現在在這裡喔」、「要在這邊的轉角往右轉」等等,一邊確認自己所在的位置和接下來的行動。

● 左右的概念很難,所以一開始可以不用要求孩子正確地理解。只要先知道「轉彎」的概念就沒問題了。

▶▶▶ **從練習中學會的事**

☑ 藉由邊看地圖邊走的體驗，讓孩子辨識周遭的景色，學會認識物體的方向、形狀與位置關係等空間認知能力。

☑ 讓孩子實際走走看，體驗具體的距離感。

稍微
做點變化

目的地途中的地標
讓孩子一邊回憶起平常走的街道，一邊試著想起前往目的地途中的地標，像是高大的建築物或大型招牌等等。

製作地圖
在大人的協助之下，一起試著製作簡單的地圖。

POINT
畫不出正確的地圖也沒關係。讓孩子一邊玩，一邊練習重現熟悉的空間。平常就要仔細觀察周遭環境，這點很重要。

吸管串珠項鍊

利用吸管和串珠來製作項鍊。讓孩子一邊練習
使用指尖，一邊愉快地學習規則性吧。

需準備的材料

● 長的吸管（剪成4cm長）6根
● 短的吸管（剪成3cm長）6根
● 串珠 小6顆 大1顆　● 毛線（60～70cm）1條

作法

> 使用2種顏色的吸管，
> 成品就會變得很漂亮。

1 將長吸管、短吸管，以及小顆的串珠排列在一起。

2 將1當成1組，分別取3組排成2列。

> 第2列依照小顆的串珠→短吸管
> →長吸管的順序穿過毛線。

終點
起點

完成！

3 將2依照順序穿過毛線（一端用膠帶等固定住，比較容易串起來）。在折返處穿入大顆的串珠，就成了鍊墜。

4 為了避免鬆脫，將兩端緊緊地打結固定就完成了。

> 讓孩子依照規定的
> 順序排列吸管和串
> 珠，藉此過程學習
> 規則性。

用做好的成品這樣玩！

可以改變穿過毛線的順序，或是使用短的毛線做成手鍊，讓孩子試著享受變化作法的樂趣。當成送給朋友的禮物也很不錯。

第3章

居家遊戲
的
練習

本章所介紹的練習是使用每個家庭
都能輕鬆準備的遊戲道具或材料來進行。
讓孩子動手製作或是以玩遊戲的感覺進行，
愉快地不斷累積算術體驗吧。

數數 ▶▶▶

在繪本中找找看

即使是孩子平常閱讀的繪本，只要換個觀點就能成為有趣的算術練習。

1, 2, 3, 4！

1 準備一本孩子喜歡的繪本。

2 讓孩子數數看，在翻開的那一頁有幾個角色出現呢？

建議的進行方式！

● 建議使用約有 5 ～ 10 個角色出場的繪本。

● 「這裡面有幾個男孩？」、「狐狸有幾隻？」也可以像這樣從旁提醒孩子。

▶▶▶ 從練習中學會的事

☑ 不論是什麼樣的繪本，裡面都充滿了有關形狀、數字或算術詞彙等算術的要素。讓孩子一邊閱讀繪本，一邊培養算術能力。

稍微
做點變化

有幾個角色呢？
請孩子試著想想看，整本繪本裡出現了幾個角色。

POINT
「繪本裡面有什麼樣的角色呢？」為了避免孩子重複計算，可以從旁提醒他們。

挑戰看看！

尋找形狀
請孩子試著在繪本中找一找自己知道的形狀，例如四角形、三角形或圓形等等。

POINT
讓孩子在欣賞繪本的同時，熟悉形狀或表示形狀的詞彙。

數的合成 數的分解 ▶▶▶

在購物遊戲中裝袋

請孩子扮演店家，試著在每個袋子裡裝入相同數量的商品。

1️⃣ 準備12顆糖果，讓孩子在每個袋子裡裝入2顆糖果。

2️⃣ 請孩子數數看，總共裝了幾袋。

建議的
進行方式！

● 「裝入2顆之後換另一個袋子」，一邊出聲提醒，一邊讓孩子把糖果裝袋。

● 糖果的數量設定為12顆，可以讓孩子挑戰右頁的變化版練習。

▶▶▶ 從練習中學會的事

☑ 讓孩子進行數的合成的練習。

☑ 數的合成與乘法、除法的概念均有關連。

稍微
做點變化

每3顆裝成一袋

這次讓孩子試著把12顆糖果,每3顆裝成一袋。全部會變成幾袋呢?

POINT
! 比起每袋裝入2顆糖果,袋子的數量會減少,請講解給孩子聽。

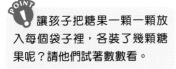

每袋要裝入幾顆呢?

請孩子用12顆糖果製作出3袋商品。每個袋子裡要裝入幾顆糖果呢?

POINT
! 讓孩子把糖果一顆一顆放入每個袋子裡,各裝了幾顆糖果呢?請他們試著數數看。

錢的計算 ▸▸▸

在購物遊戲中進行交換

讓孩子利用角色扮演遊戲體驗錢的計算。一邊玩遊戲一邊練習，培育基礎的計算能力。

1️⃣ 先由大人扮演店家，孩子扮演顧客。事先把一些玻璃扁珠交給孩子，用來代替錢。

2️⃣ 讓孩子用一顆玻璃扁珠來交換一個想要的點心。

建議的進行方式！

● 告訴孩子「可以用一顆玻璃扁珠來交換一個點心」，並要他們仔細確認，想買點心的話應該怎麼做。

● 等孩子漸漸熟練之後，可以彼此角色互換，由孩子扮演店家，大人扮演顧客。

☑ 首先，讓孩子體驗用玻璃扁珠可以交換點心。這個練習與奠定錢的計算基礎有關。

\ 稍微 /
做點變化

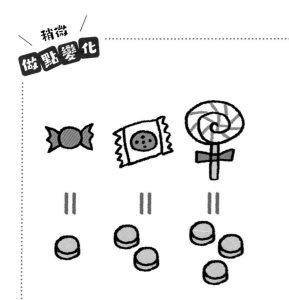

不同的個數
所需的玻璃扁珠數目會隨著點心的種類不同而異。

POINT! 讓孩子試著思考組合不同種類的糖果和餅乾也不錯。

挑戰看看！

用10顆玻璃扁珠買東西
讓孩子以上述變化版練習中的玻璃扁珠個數來買東西。
10顆玻璃扁珠可以買到多少點心呢？

POINT! 請孩子試著改變點心的數量或種類，進行各種不同的組合。這也是一種加法或心算的練習。

or

or ....

讀數字　規則性　▶▶▶

今天是幾號？

如果想要讓孩子掌握數感，月曆是非常好的教材。
事先在家中貼上幾張月曆吧。

1 讓孩子試著將月曆上的數字從1開始依照順序念出來。
2 請孩子用筆把今天的日期圈起來。

建議的
進行方式！

●「今天是○月○日」、「星期○在哪裡呢？」透過這類對話，和孩子
　一起確認看月曆的方法吧。
●也試著讓孩子在自己或家人的生日那天做記號。

▶▶▶ **從練習中學會的事**

☑ 讓孩子漸漸懂得看月曆的方法。

☑ 完成讀數字的練習之後，孩子自然而然就能慢慢掌握數的順序或規則性。

\ 稍微 /
做點變化

每天的習慣
讓孩子排定每天該做的事情，像是幫忙做家事或練習才藝，完成的那一天就在月曆上畫○做記號。

POINT
讓孩子自然養成每天看月曆的習慣。漸漸就能掌握「一天」、「一週」或「一個月」的感覺。

挑戰看看！

數字猜謎
出題問孩子「3的下一個數字是什麼呢？」、「2下面的數字是什麼呢？」一邊看著月曆一邊進行數字猜謎。

POINT
讓孩子學習數的順序。某個數字的前一個、後一個數字是什麼？此外，也試著讓他們注意上／下的數字。

數的大小 ▶▶▶

撲克牌遊戲① 比大小

撲克牌是很容易就能準備的算術教材。可以讓孩子從各種數字遊戲中得到樂趣。

1 取數字 1 ～ 10（任選一種花色）的撲克牌 10 張，將牌面朝下蓋住洗牌之後，任意攤開放在桌上。

2 喊出「預備……開始！」接著兩人各自翻開一張牌，數字大的一方獲勝。獲勝者可以得到這 2 張牌。

3 最後拿到較多撲克牌的一方獲勝。

建議的進行方式！

● 「每次翻開一張牌喔！」、「哪個數字比較大呢？數字大的一方獲勝喔！」和孩子玩遊戲時，要一邊玩一邊仔細地確認遊戲規則。

● 最好使用可以數花色點數的撲克牌。

▶▶▶ 從練習中學會的事

☑ 讓孩子漸漸學會比較2個<u>數字的大小</u>。

☑ 讓孩子比較牌面上的數字或是手中擁有的撲克牌張數,同時能學會使用「大的／小的」、「多的／少的」等算術詞彙。

\ 稍微 /
做點變化

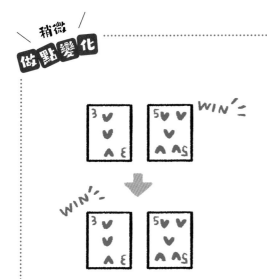

哪邊比較小呢?

這次可以試著變更遊戲規則,以「數字小的一方獲勝」來一決勝負。

POINT! 「大」的相反是「小」。
進行練習時,最好兩者的規則都可以考慮到。

挑戰看看!

2張牌的數字相加

大人與小孩同時翻開2張撲克牌,以兩者合計的數字大小來一決勝負。

POINT! 這是加法的練習。一開始時,不妨試著與孩子一起數撲克牌的花色點數進行確認。

數
★★☆

撲克牌遊戲② 記憶配對

經典的撲克牌遊戲「記憶配對」也是一種很出色的算術遊戲，可以用來培養數感。

1 取數字1～5（紅心和方塊等2種花色）的撲克牌10張，將牌面朝下放在桌子上。

2 大人和小孩一起玩記憶配對的遊戲。

建議的進行方式！

●記住撲克牌的數字和位置，對孩子來說是很困難的一件事。一開始時，請盡量用張數較少的撲克牌來玩。

▶▶▶ 從練習中學會的事

☑ 讓孩子一邊玩遊戲一邊熟習數字，培養數感。

☑ 讓孩子一邊記住撲克牌的數字和位置一邊玩遊戲，藉此培養短
期記憶力，訓練工作記憶。

花色的記憶配對遊戲
使用數字1～4（花色有
4種）的撲克牌16張，訂
出規則「如果花色相同可
以得到這2張牌」，然後
試著玩玩看。

POINT 改變條件玩玩看。這
次不是記住數字，而是試
著記住花色看看。

挑戰看看！

用40張牌決勝負
等孩子漸漸熟練之後，使用數
字1～10（花色有4種）的撲
克牌40張，試著玩玩看數字的
記憶配對遊戲。

40張！

POINT 撲克牌的張數一旦變多，
要記住的數量也隨之增多。不
妨慢慢提升孩子的記憶量。

位置 ▶▶▶

上下左右的尋寶遊戲

使用「上／下」、「左／右」這類表示位置的算術詞彙，試著來玩尋寶遊戲吧。

> 上面數來第3張，
> 左邊數來第2張。

1️⃣ 裁切厚紙，製作出 16 張卡片。

2️⃣ 在其中一張卡片上畫圖。由大人當出題者，把卡片蓋在桌子上，縱向與橫向各排 4 張卡片。

3️⃣ 由大人給予提示「上面數來第幾張，左邊數來第幾張」，讓孩子找出畫有圖案的那張卡片。

建議的進行方式！

● 等孩子了解「上／下」、「左／右」這些詞彙的意思之後，便可開始進行遊戲。

● 可以告訴孩子「找到畫有圖案的那張卡片，就能得到一顆糖果！」如果有令人開心的獎品，孩子的學習動力也會提高。

▶▶▶ 從練習中學會的事

☑ 讓孩子學會使用「上／下」、「左／右」等算術詞彙來表示位置。

☑ 也可以讓孩子學著練習使用「從～數來第幾個」這種表示順序的說法。

\稍微/
做點變化

位置的說明

讓孩子當出題者。看看他們是否能夠用言語表達出卡片的位置。

上面數來的2？
下面數來的3？

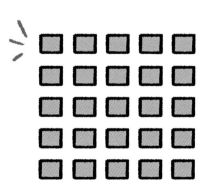

POINT
最好讓孩子學會可以分別從「上／下」、「左／右」來說明位置。

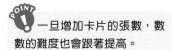

5張×5張的尋寶遊戲

將卡片的張數增加為25張，排列成縱橫各5張，讓孩子挑戰看看。

POINT
一旦增加卡片的張數，數數的難度也會跟著提高。

摺紙七巧板

即使沒有準備特殊的教材，只要使用摺紙用紙和
厚紙就能做出算術拼圖！

需準備的材料

- ●摺紙用紙2張
- ●厚紙（裁切成與摺紙用紙一樣的大小）1張
- ●剪刀　●膠水

作法

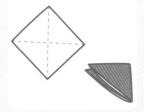

1 將摺紙用紙沿著2條對角線對折，折出折線。

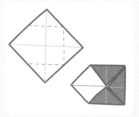

2 將摺紙用紙的3個角往中心點折，折出折線。

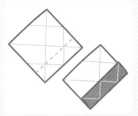

3 將摺紙用紙的一邊往中心折，折出折線。

4 準備一張厚紙，將3的摺紙用紙貼在厚紙的正面，背面則貼上一張新的摺紙用紙。

5 沿著上圖的虛線剪開。

完成！

用正方形的摺紙用紙做出各種不同形狀的拼圖碎片。

用做好的成品這樣玩♪

讓孩子試著用做好的拼圖碎片創作出各種不同的形狀。將完成的作品當成某樣物體來玩，可以藉此培養創造力。

這裡會介紹幾個使用摺紙七巧板拼成的形狀。要怎麼做才會變成範本所示的形狀呢？讓孩子一邊嘗試各種不同的組合一邊想想看吧。

●房子

使用的碎片

●聖誕樹

使用的碎片

●鑽石

使用的碎片

●帆船

使用的碎片

●魚

使用的碎片

●企鵝

使用的碎片

答案

※答案為其中一個例子。

比較長度 ▸▸▸

依照長短順序排列吧

讓孩子使用色鉛筆,練習比較長度。與長度等單位相關的概念,是藉由比較培養出來的。

■ 準備多枝(10枝左右)色鉛筆。

■ 讓孩子比較長度,然後按照長短順序重新排列。

建議的進行方式!

● 「比較長短的時候,其中一端要對齊喔」,提醒孩子將色鉛筆的一端對齊就很容易比較長度。

● 一開始使用色鉛筆之類的東西,孩子應該會比較容易進行比較。

▶▶▶ 從練習中學會的事

- ☑ 讓孩子漸漸學會比較多個東西的長度。
- ☑ 讓孩子學會使用「長的／短的」這種算術詞彙。

稍微 做點變化

比較毛線的長度
讓孩子依照自己的喜好剪下5條長度不一的毛線,然後試著比較毛線的長度。

POINT! 讓孩子比較非筆直之物的長度。可以告訴孩子,將毛線的一端對齊之後拉直,就很容易比較長度。

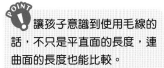

挑戰看看!

毛線尺
讓孩子依照自己的喜好剪下一條毛線,然後以這條毛線的長度為基準,試著用它去和各種東西比較長度。

POINT! 讓孩子意識到使用毛線的話,不只是平直面的長度,連曲面的長度也能比較。

?

★★★

哪個比較重？

讓孩子透過自己的身體去實際感受「輕重」差異，掌握重量的感覺。

1️⃣ 準備6支500ml的寶特瓶，其中3支為空瓶，其餘3支裝入水，然後分別放入袋子裡。

2️⃣ 讓孩子試著提起袋子，看看哪個袋子可以輕鬆地提起來。

建議的進行方式！

● 雖然2個袋子的寶特瓶數量相同，但是裝入水之後，要提起來會很費力。「重量很重，提不起來對吧」、「因為很輕，輕輕鬆鬆就能提起」，大人要在一旁輔助說明。

● 寶特瓶的數量不是3支也沒關係，但是重量差異要大一點，才容易互相比較。

▶▶▶ 從練習中學會的事

☑ 讓孩子比較2個東西的重量。「何者較重」的體驗與比較重量的學習有關。

☑ 讓孩子學會使用「重的／輕的」這種算術詞彙。

數量和重量

將1支裝了水的寶特瓶放入袋子裡，另外3支寶特瓶則放入另一個袋子裡，讓孩子試著分別提起來。

POINT
如果是相同的東西，一旦個數增加就會變重。為了讓孩子容易了解重量的差異，要拉大兩邊的數量差距。

挑戰看看！

大小和重量

可以讓孩子比較看看，2L的空寶特瓶和裝了水的500ml寶特瓶，哪個比較重呢？

POINT
讓孩子體驗有大而輕的東西，也有小而重的東西。也可以用各種不同大小的寶特瓶來試試看。

★★★

等分　認識形狀 ▶▶▶

摺紙拼圖

摺紙是一種神奇有趣的遊戲，透過折疊、裁剪和組合，可以讓孩子愉快地學習各種圖形。

1️⃣ 將摺紙用紙沿著對角線對折。大人用剪刀沿著折線剪開之後，把2個三角形拿給孩子看。

2️⃣ 讓孩子把2個剪下來的三角形排列在一起，做成一個更大的三角形。

建議的
進行方式！

● 告訴孩子「變成2個一樣的三角形了」，讓他們注意到剪成一半的話，可以做出2個大小和形狀相同的拼圖碎片。

●「從四角形變成三角形了」，像這樣教導孩子具體的形狀名稱。

▶▶▶ **從練習中學會的事**

- ☑ 讓孩子發現沿著四角形的對角線剪開，可以剪出三角形。
- ☑ 讓孩子體驗可以用三角形拼合成四角形。

稍微 做點變化

4個拼圖碎片

將摺紙用紙分成4等分，做出4個三角形的拼圖碎片，然後讓孩子拼成長方形或大的三角形。

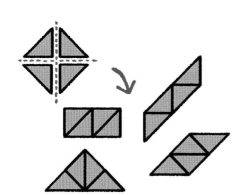

POINT

！ 讓孩子用拼圖碎片拼合成各種不同的形狀。要讓他們注意到拼圖碎片原本是一張四角形的紙。

挑戰看看！

各種不同的4等分

將摺紙用紙剪成一半之後，再剪成一半，就會變成4等分。讓孩子試著想出各種不同的4等分。

POINT

！ 讓孩子知道有各式各樣的方法可以分成4等分，例如縱向剪3次、縱向橫向各剪1次等等。

★★☆

對稱圖形 ▶▶▶

剪紙遊戲① 四角形

將摺紙用紙對折，剪下一角之後攤開。隨著下刀位置不同，形狀也會變得不一樣，充滿不可思議的樂趣。

1️⃣ 將摺紙用紙對折之後，用剪刀隨意剪下一角。

2️⃣ 請孩子攤開摺紙用紙，確認它變成了什麼樣的形狀。

建議的
進行方式！

● 一開始只剪一刀，等到熟練之後，讓孩子試著挑戰剪兩刀以上。

● 告訴孩子「雖然2張紙都是剪下三角形，但卻變成不一樣的形狀」，讓他們注意到一旦改變下刀位置，紙張攤開後的形狀也會跟著改變。

▶▶▶ 從練習中學會的事

- ☑ 讓孩子學會以折線為中心，製作出左右對稱（線對稱）的圖形。
- ☑ 讓孩子體驗隨著下刀位置不同，剪出來的形狀也會不一樣，加深對於形狀的理解。

\ 稍微 /
做點變化

對折成4等分後剪下一角
將摺紙用紙對折2次，折成4等分，然後用剪刀隨意剪下一角。

POINT
可以剪出以正中央的點為中心，上下左右對稱（點對稱）的圖形。在攤開紙張之前，讓孩子試著猜想會變成什麼樣的形狀。

挑戰看看！

對折成4等分後剪開兩處缺口
在任意2個位置各剪下一個三角形。攤開紙張後，分別會變成什麼樣的形狀呢？

POINT
隨著剪法不同，可以剪出各種不一樣的形狀。讓孩子多多嘗試吧。

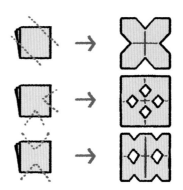

對稱圖形 ▶▶▶

剪紙遊戲② 三角形

將摺紙用紙折成三角形，剪下一角之後攤開。採用與P106不一樣的折法，剪開後的形狀不同也很有趣。

1 將摺紙用紙沿著對角線折成三角形，然後用剪刀隨意剪下一角。

2 請孩子攤開摺紙用紙，確認它變成了什麼樣的形狀。

建議的進行方式！

● 折成三角形後剪開的形狀與對折後攤開的形狀不同。讓孩子試著做出各種不同的形狀。

●「要剪下三角形喔！」大人從旁提醒孩子時，要盡可能使用具體的形狀名稱。

▶▶▶ **從練習中學會的事**

☑ 讓孩子學會以折線為中心，製作出左右對稱（線對稱）的圖形。

☑ 因為採用與P106不一樣的折法，所以完成的形狀也不同。讓孩子嘗試採用各種不同的方法，藉此培養思考力。

稍微 做點變化

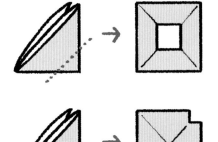

對折成4等分後剪下一角
將摺紙用紙沿著2條對角線對折，折成三角形，然後用剪刀隨意剪下一角。

POINT 也可以讓孩子試著挑戰剪開兩處缺口。

挑戰看看！

剪成曲線
折成4等分之後，不剪直線，試著剪成曲線看看。

POINT 因為剪曲線很難，所以也可以由大人來剪。讓孩子注意剪下來的形狀也很有趣。

109

對稱圖形 ▶▶▶

照鏡子變身！

把三角形的積木貼近鏡子之後，咦？看起來好像四角形喔！

1 請孩子把直角三角形的積木貼近鏡子，讓積木和鏡中影像合而為一。

2 讓孩子體驗積木映照在鏡子裡時，看起來就像四角形。

建議的
進行方式！

●如果沒有積木，使用以摺紙用紙製作的拼圖碎片也OK（→P98）。

●如果是直角三角形的積木，要把三角形最長的邊貼在鏡子上才會變成四角形。「試試看，把這一邊貼在鏡子上」，大人要像這樣教導孩子。

▶▶▶ **從練習中學會的事**

☑ 讓孩子體驗到使用鏡子的話，便能以鏡子為中心，形成<u>左右對稱</u>
<u>（線對稱）</u>的形狀。

☑ 讓孩子藉由鏡子映照出各式各樣<u>立體的東西</u>，觀察不可思議的
形狀。

稍微 做點變化

將不同的面貼著鏡子
讓孩子試著把積木的另一
面貼在鏡子上。這次則是
變成很大的三角形。

POINT
讓孩子注意到把積木
的不同面貼在鏡子上，形
成的形狀也會隨之改變。

挑戰看看！

看得見幾個呢？
拿3個積木擺在鏡子前面。
問孩子鏡子內外總共能看見
幾個積木呢？

POINT
除了形狀之外，也要讓
孩子注意到數量。東西映照
在鏡子裡時，看到的數量就
會變成2倍。

立體圖形 ▶▶▶

積木遊戲

積木遊戲可以培養立體圖形的概念。讓孩子一邊使用算術詞彙一邊玩玩看。

1 準備3～10個左右的立方體積木（或是軟積木等等）。

2 「疊高3個積木」，像這樣由大人給予指示，讓孩子縱向堆疊指定數量的積木。

建議的進行方式！

● 疊高積木時，最好提醒孩子上下之間的積木要緊密貼合。請孩子一個一個邊數邊慢慢地堆高。

● 讓孩子先從3個積木開始疊起。能夠堆疊3個積木之後，再試著增加積木的個數。

▶▶▶ 從練習中學會的事

☑ 孩子透過堆疊的練習，可以更容易理解「個數增加＝高度變高」的概念，藉此掌握量感。

☑ 使用立方體的經驗，將會為孩子奠定在小學學習體積相關概念時的基礎。

稍微 做點變化

比較高度

哪一邊堆得比較高呢？大人可以和孩子比賽看看。

POINT ! 讓孩子注意到如果使用大小相等、形狀相同的積木，個數多的那一邊會比較高。

挑戰看看！

模擬遊戲

讓孩子試著以各種不同的堆疊方式將相同個數的積木堆疊起來。看起來像什麼呢？

POINT ! 經由形狀的相似聯想到實際物品的能力非常重要，有助於提升孩子的創造力。

吸管裝飾品

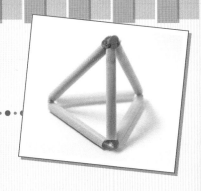

使用吸管和毛根，
製作出正多面體的裝飾品吧。

需準備的材料
- 吸管（剪成5cm長）6根
- 毛根（剪成20cm長）3根

作法

1 將毛根穿過3根吸管，然後扭緊兩端做成三角形。

2 另外取一根毛根穿過2根吸管。

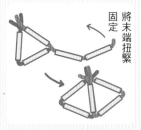

將末端扭緊固定

3 將2的毛根穿過1的其中一根吸管，做成由2個三角形所組成的菱形。

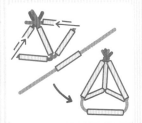

4 取另一根毛根穿過一根吸管，再將兩端分別穿入3的其中2根吸管。

完成！

5 將毛根的兩端穿過吸管之後，拉緊並固定。金字塔形狀的裝飾品就完成了。

金字塔的形狀稱為正四面體。

用做好的成品這樣玩！

總共使用了幾根吸管呢？最後讓孩子試著數數看。變換吸管的顏色，製作出數個成品也很漂亮喔。

也可以增加吸管和毛根的數量，挑戰難度更高的形狀。使用12根吸管的話可以做成正八面體，使用30根吸管的話可以做成正二十面體。

正八面體　●吸管12根　●毛根7根

進行組裝時，從正上方看起來要像四角形。

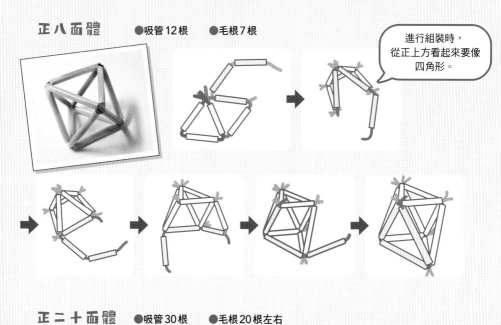

正二十面體　●吸管30根　●毛根20根左右

以製作出多個如圖所示的五角形為概念，繼續添加吸管。

依照相同的要領，每次追加1～2根吸管，逐一串連起來。

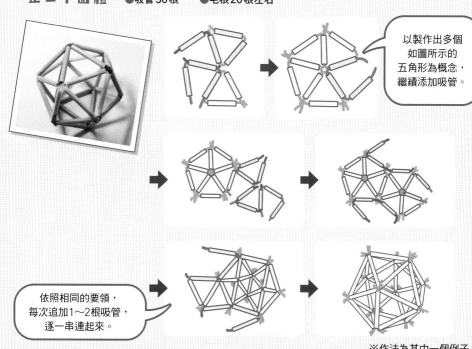

※作法為其中一個例子。

展開圖 ▶▶▶

把空盒攤平

攤開立體的盒子就會變成平面，讓孩子透過這樣的體驗培養圖形的基本概念。

1 準備空的面紙盒或點心盒。

2 打開兩側，用剪刀剪開其中一邊，然後把盒子攤平。

建議的
進行方式！

● 「剪開這裡之後，盒子就可以攤平喔」，提醒孩子注意立體的盒子攤開之後，就變成了平面。

● 準備不同大小或形狀的盒子，讓孩子攤開之後比較差異，應該也十分有趣。

▶▶▶ 〔從練習中學會的事〕

☑ 讓孩子掌握攤開立體的東西就會變成平面的概念。

☑ 這個練習將會為孩子奠定在小學學習立體圖形展開圖的基礎。

 稍微做點變化

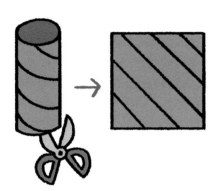

捲筒衛生紙的芯筒
讓孩子試試看，使用剪刀把捲筒衛生紙的芯筒縱向剪開。

POINT
! 圓筒形展開之後會變成四角形。讓孩子試著注意一下形狀。

〔 **挑戰看看！** 〕

組裝
準備一個已經攤開成平面的空盒子。讓孩子一邊猜想會變成什麼樣的形狀，一邊試著組裝成立體的盒子。

POINT
! 讓孩子學習東西是如何從平面變立體。一邊觀察盒子的文字或花紋的方向，一邊試著挑戰看看吧。

從四面八方去觀察 ▶▶▶

從這邊觀察的話……？

讓孩子試著體驗一下,隨著觀察角度不同,觀察的東西或形狀也會有所改變。

請孩子把布偶或喜歡的玩具等放在桌子上,試著從不同的方向去觀察。

建議的
進行方式!

● 一邊告訴孩子「想看到臉部的話,要從哪裡看呢?」、「從這裡看的話,只看得到背部喔」,一邊提醒他們注意所見的外觀改變了。
● 不只是前後左右,也讓孩子試著由上往下觀察。

▶▶▶ 從練習中學會的事

☑ 從這個方向觀察的話，看起來怎麼樣呢？讓孩子練習從四面八方去觀察。

☑ 讓孩子體驗到一旦觀察的方向改變，所見的外觀也會隨之改變。

\稍微/
做點變化

將2個東西並排觀察
將2個東西並排在桌子上，讓孩子試著從前後左右進行觀察。

POINT ! 一旦改變觀點，眼中所見的東西就會跟著改變。這個練習與多方觀察事物的訓練有關。

挑戰看看！

看得到幾個呢？
請孩子把積木疊成喜歡的形狀。試著從前後左右，還有從上方觀察，數一數看得到幾個積木。

POINT ! 讓孩子了解，雖然積木的數量不變，不過一旦改變觀看的方向，看得到的積木的數量就會不一樣。

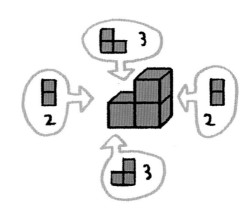

程式設計 ▶▶▶

猜猜看答案是什麼？

在算術思考中，「推理」是不可或缺的能力。讓孩子一邊開心地玩遊戲，一邊磨練推理能力吧。

1️⃣ 翻開動物圖鑑等書籍，然後由大人從那個頁面中選擇一樣東西。

2️⃣ 「那個動物的身上有條紋嗎？」、「那個動物的脖子很長嗎？」由孩子提出問題，大人則以「對」或「不對」來回答，請孩子猜出大人所選的東西。

建議的
進行方式！

● 要想出能以「對」或「不對」來回答的問題，對孩子來說是很困難的事。一開始時，請大人陪著孩子一起想想看。

▶▶▶ 從練習中學會的事

- ☑ 讓孩子在考慮各種條件之後進行推理，藉此鍛鍊<u>邏輯思考力</u>。
- ☑ 讓孩子一邊組合條件一邊找出答案的練習，與<u>程式設計思維</u>的基礎有關。

體積小？→不對

灰色？→對

鼻子很長？→對

由孩子出題
大人和小孩角色互換。請孩子想一個自己喜歡的動物，大人則透過提問猜出答案。

POINT 訓練孩子在腦中進行思考，自己所想的答案是否符合提問的條件。

挑戰看看！

最多問5個問題
由孩子提出問題，並限制發問題數最多5題。讓他們挑戰看看能否找到答案。

最多5題！

POINT 讓孩子思考該怎麼做才能減少問題的數量，這個過程很重要。即使沒猜中答案也OK。不妨當成遊戲，讓孩子開心地玩吧。

畫出形狀 ▶▶▶

描圖和連連看

雖然連連看或描圖看起來似乎和算術沒有什麼關係，
但是非常適合用來培養孩子的推測能力、想像力。

1 大人先用淺色的色鉛筆在圖畫紙上畫出簡單的圖案。
2 讓孩子使用鉛筆進行描圖。

建議的
進行方式！

●也要注意孩子鉛筆的握法。
●對孩子來說，要畫出筆直的線條或長線條很困難。盡量讓他們從描摹
簡單的圖案開始吧。

☑ 孩子漸漸可以用鉛筆熟練地畫出直線或曲線。

☑ 當孩子自己會畫出各種圖形的時候，如果進到小學，就有能力將應用題的文字內容在腦中轉換成圖像進行思考，或是順利解出圖形問題。

稍微 **做點變化**

連連看

大人在圖畫紙上畫出縱向4行、橫向4列的點。讓孩子試著把點和點連接起來，畫出喜歡的圖案。

POINT 點和點的距離太寬的話，繪圖會變得很困難。間距的設定最好先從2cm左右開始。

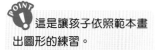

挑戰看看！

邊看範本邊畫

準備2張圖畫紙，畫上縱向5行、橫向5列的點，由大人先畫出圖案。讓孩子嘗試照著畫出相同的圖案。

POINT 這是讓孩子依照範本畫出圖形的練習。

對孩子說話的重點

　　與孩子一起進行的練習，大人說話的方式很重要。

　　孩子要是一旦產生了「練習＝無聊的事、不做會挨罵的事」這樣的想法，那麼從幼兒期開始就會對於學習這件事萌生怯意。首先，最重要的就是**營造歡樂的氣氛**。

　　此外，要是特地做了練習，孩子卻什麼都沒學到，那未免太可惜了。為了能更有效地進行練習，這裡會介紹幾個對孩子說話的重點。

① 稱讚過程而非結果！

　　不要只稱讚孩子已經做到的事，當他們做不到的時候，也要盡量不時地稱讚其「**堅持不懈的事**」、「**努力過的事**」。

　　讓孩子知道努力的過程比結果重要。如此一來，孩子才會想挑戰困難，認為「即使失敗了也沒關係」。

　　如果大人只在孩子「拿到好成績的時候」、「達到目標的時候」給予讚美，像這樣只稱讚結果的話，孩子便會產生「只想做簡單的事……」、「失敗很可怕，不想挑戰困難的事……」、「擔心無法順利完成……」這樣的想法。

　　大人在對孩子說話時要讓孩子覺得「**挑戰很有趣**」，好激發出他們的動力。

❷ 不以完美為目標，達到6成就好！

就算孩子沒有做到十全十美也OK。大人要去找出孩子已經達成的部分，盡量說些稱讚他們的話。

也許孩子不是100％做得很好，也許孩子沒有達到大人所期待的標準。不過，沒有從一開始就能做到100分的孩子。最重要的是要多多體驗，因此以6成左右的完成度為目標，讓孩子試著挑戰看看吧。

大人要看見並接受孩子本來的樣子，然後透過話語來幫助他們發揮優點，這點很重要。

❸ 說一些能培養孩子思考力的話

大人要做的不是「給答案」，而是要引導孩子「想一想要怎麼做」。

今後的教育不再是「教導知識」、「背誦知識」，一般認為更重要的是「培養思考能力」。「為什麼會這麼想呢？」、「你覺得原因是什麼呢？」、「你想要怎麼做呢？」、「哪種做法比較好呢？」透過這樣的說話方式，引導孩子說出自己的想法。藉由詢問孩子理由，或是讓他們自己選擇，以培養出思考的能力。

答案不限一個。想要解決問題的話，有各種不同的方法能夠達到目的。請讓孩子自由發想吧。

④ 使用「算術詞彙」

在日常的對話當中，乍看之下似乎與算術沒有什麼關係，其實有許多詞彙都與算術有關。本書中把這些詞彙稱為「算術詞彙」。

例如，「大的」、「長的」、「高的」、「重的」等等，這些都與cm或g等單位的學習有關。另外，「四角」、「三角」、「重疊」、「對折」等，則是與形狀（圖形）的學習相關。「幾分鐘後」、「第幾個」等詞彙，也是會在算術中出現的一個單元。

從幼兒期開始便試著使用這類詞彙，當孩子進入小學之後，就會比較容易理解算術的應用題、掌握問題的大意，或是對數量或形狀有好的直覺。

所以，如果將這類詞彙予以數值化，就能培育出擅長算術的孩子。算術不是只有計算而已。首先，為了使孩子**能純熟地運用算術詞彙**，從幼兒期開始就要留意，讓他們多多接觸這類詞彙。

● 與數量相關的詞彙
多的／少的
相同的　　　　　　　　等等

● 與單位相關的詞彙
大的／小的
長的／短的
高的／低的
重的／輕的
深的／淺的
寬的／窄的　　　　　　等等

● 與形狀相關的詞彙
四角（四角形）／三角（三角形）／圓的（圓形）
重疊　對折　一半　　　　　　等等

● 與位置相關的詞彙
裡／外　左／右　上／下　前／後
第幾個　　　　　　　　　　　等等

● 與時間相關的詞彙
幾點／幾點半　幾分鐘後
快的／慢的　　　　　　　　　等等

❺ 使用具體的詞彙

只是對孩子說「你做得很好」，他們並不會知道自己被稱讚的是什麼地方。

「折成一半，折得很漂亮呢」或是「謝謝你的幫忙」，跟孩子說話時要像這樣，**具體地說出內容**。

此外，必須留意「你真是個好孩子」這句話。這句話的問題在於，對於孩子和大人來說，「好孩子」的標準並不相同。也許孩子會誤以為只要照著大人的指示去做，就會獲得讚美。因此，孩子會開始害怕自己不能成為「好孩子」。

也請盡可能避免使用「那個」、「這個」等含糊不清的指示。盡量使用像是「從上面數來第○個」、「從較大的數來第△個」等具體的詞彙。

❻ 使用正面詞彙

跟孩子說話時，告訴他們「做完這個練習之後，一起去外面散步吧」或是「如果沒做完這個練習，就不能去外面散步」，這兩句話會讓孩子產生截然不同的感受。

否定的話語或負面的指示，有時會讓孩子覺得受到壓迫，也會導致大人無法與孩子建立信賴關係。而且，孩子同樣也會變得以負面的想法來看待事物。

用**正面指示法**與孩子對話，可以培養他們的自我肯定感，大人與孩子的關係也會漸漸變得更好。

SANSU GA DEKIRUKO NI
NARU ASOBI WORK
© 2022 Asahi Shimbun Publications Inc.
Originally published in Japan in 2022
by Asahi Shimbun Publications Inc., TOKYO.
Traditional Chinese translation rights arranged
with Asahi Shimbun Publications Inc., TOKYO,
through TOHAN CORPORATION, TOKYO.

日文版工作人員

- ●裝訂・內頁設計　　土屋裕子（株式会社ウエイド）
- ●DTP　　　　　　　中央制作社
- ●插圖　　　　　　　たはらともみ、さややん。
- ●校對　　　　　　　木串かつ子、関根志野
- ●編輯・製作　　　　株式会社エディット（西沢悠希、古屋雅敏、一木光子、 三木瑞希）
- ●編輯・企劃　　　　市川綾子、端 香里（朝日新聞出版 生活・文化編輯部）

全面啟動數學力，輕鬆學習不卡關！
讓孩子玩出數感的 50 款算術遊戲

2023 年 3 月 1 日初版第一刷發行

監　　修	大迫ちあき
譯　　者	安珀
主　　編	陳正芳
美術編輯	黃郁琇
發 行 人	若森稔雄
發 行 所	台灣東販股份有限公司
	＜網址＞http://www.tohan.com.tw
法律顧問	蕭雄淋律師
香港發行	萬里機構出版有限公司
	＜地址＞香港北角英皇道499號北角工業大廈20樓
	＜電話＞（852）2564-7511
	＜傳真＞（852）2565-5539
	＜電郵＞info@wanlibk.com
	＜網址＞http://www.wanlibk.com
	http://www.facebook.com/wanlibk
香港經銷	香港聯合書刊物流有限公司
	＜地址＞香港荃灣德士古道220-248號
	荃灣工業中心16樓
	＜電話＞（852）2150-2100
	＜傳真＞（852）2407-3062
	＜電郵＞info@suplogistics.com.hk
	＜網址＞http://www.suplogistics.com.hk

ISBN 978-962-14-7467-4